Book of Large Numbers

A catalogue for kids

Created by

Zeeshan Mahmud

1. The Scroll Number

100000000000000000000000000000000000000000
000000000000000000000000000000000000000000
000000000000000000000000000000000000000000
000000000000000000000000000000000000000000
000000000000000000000000000000000000000000
000000000000000000000000000000000000000000
000000000000000000000000000000000000000000
000000000000000000000000000000000000000000
000000000000000000000000000000000000000000
000000000000000000000000000000000000000000
000000000000000000000000000000000000000000
000000000000000000000000000000000000000000
0000000000001

Can you guess why it is called a 'scroll'?

2. Weird One Out Number

3333333333333333333333333333333333333333
3333333333333333333333333333333333333333
3333333333333333333333333333333333333333
3333333333333333333333333333333333333333
3333333333333333333333333333333333333333
3333333333333333333333333333333333333333
3333333333333333333333333333333333333333
3333333333333333333333333333333333333333
3333333333333333333333333333333333333333
3333333333333333333333333333333333333333
3333333333333333333333333333333333333333
3333333333333333333333333333333333333333
3333333333333333333333333333333333333333
3333333333333333333333333333333333333333
33333333333333333333333333333334

What other numbers can you create with this same pattern, friends?

3. Middle-'Guy'-Surrounded Number

9999999999999999999999999999999999999999
9999999999999999999999999999999999999999
9999999999999999999999999999999999999999
9999999999999999999999999999999999999999
9999999999999999999999999999999999999999
9999999999999999999999999999999999999999
9999999999099999999999999999999999999999
9999999999999999999999999999999999999999
9999999999999999999999999999999999999999
9999999999999999999999999999999999999999
9999999999999999999999999999999999999999
9999999999999999999999999999999999999999
9999999999999999999999999999999999999999
999999999999999999

Do you see why it looks like a 'guy' surrounded with lots of 9s?

4. Debris Number

9000000000000000000000000000000000000000000
0000000000000000000000000000000000000000000
0000000000000000000000000000000000000000000
0000000000000000000000000000000000000000000
0000000000000000000000000000000000000000000
0000000000000000000000000000000000000000000
0000000000000000000000000000000000000000000
0000000000000000000000000000000000000000000
0000000000000000000000000000000000000000000
0000000000000000000000000000000000000000000
0000000000000000000000000000000000000000000
0000000000000000000000000000000000000000000
0000000000000000000000000000000000000000000
0000000000000000000000000000000000000000000
0000000000000200000000000000000000000000000
0000000000000000000000000000000000000000000
0000000000000000000000000000000000000000000

Do you see how the 2 is floating like a debris in an 'ocean' of zeros?

5. Two Digit Repeating Pattern Number

1313131313131313131313131313131313131313
1313131313131313131313131313131313131313
1313131313131313131313131313131313131313
1313131313131313131313131313131313131313
1313131313131313131313131313131313131313
1313131313131313131313131313131313131313
1313131313131313131313131313131313131313
1313131313131313131313131313131313131313
1313131313131313131313131313131313131313
1313131313131313131313131313131313131313
1313131313131313131313131313131313131313
1313131313131313131313131313131313131313
1313131313131313131313131313131313131313
1313131313131313131313131313131313131313
1313131313131313131313131313131313131313
1313131313131313131313131313131313131313
1313131313131313131313131313131313131313
1313131313131313131313131313131313131313
1313131313131313131313131313131313131313

5. Half 'n Half Block

```
4444444444444444444444444444444444444444444
4444444444444444444444444444444444444444444
4444444444444444444444444444444444444444444
4444444444444444444444444444444444444444444
4444444444444444444444444444444444444444444
4444444444444444444444444444444444444444444
4444444444444444444444444444444444444444444
4444444444444444444443333333333333333333333
3333333333333333333333333333333333333333333
3333333333333333333333333333333333333333333
3333333333333333333333333333333333333333333
3333333333333333333333333333333333333333333
3333333333333333333333333333333333333333333
3333333333333333333333333333333333333333333
3333333333333333333333333333333333333333333
3333333333333333333333333333333333333333333
```

Do you see how a huge block of number is created from just two numbers?

6. Random Assortment Number

1111111111111111122222222333333333333333
3333333333333333333333333334444444444455
5555555555555555555555555555555555555555
5555555555555555555555555555555555555555
5555555555555555555555555555555555555566
6666666666666666666666666666666666666666
6666666666666667777777777777777777777777
7777777777777777777777777777777777777777
7777888888888888888888888888888888999999
9999999999999999999999999999999999999990

As incredible it is this number which showcases all the random assortment of the decimal system values exists between

11111111111111111222222222333333333333333333333333333333333333333333333344444444444455555555555555555555555555555555555555555555555555555555555555555555555555555555555555555555555555555555555555555555555555566666666666666666666666666666666666666666666666666666666666666666666666666777777777777777777777777777777777777777777777777777777777777777777777777777777788888888888888888888888888888888888999999999999999999999999999999999999989

And...

11111111111111111222222222333333333333333333333333333333333333333333333344444444444455555555555555555555555555555555555555555555555555555555555555555555555555555555555555555555555555555555555555555555555555566666666666666666666666666666666666666666666666666666666666666666666666666777777777777777777777777777777777777777777777777777777777777777777777777777777788888888888888888888888888888888888999999999999999999999999999999999999991

7. Hidden '1234567890' Number

7777771981273918723981292379812893821991 23
129831278937981 7239892819721 79837127892357
8467983589354869385677834465834458346 89585
893293902459031 2099888787899111 1234567 8900
998123989371 2489235987279998981 7283891 8943
79187231984371 98378972487218941 72489187491
24798149807921471 9247979172894799182738123
4585883778878909871 88333 99911101 89198237
999999999999999911101019192348293472389457
29857 398457 9854 7983475894 57 3489574938748

This bizarre behemoth is hiding the strings
'1234567890'. Did you find it yet?

8. Yin-and-Yang Number

6666666666666666666666666666666666666666666
6666666666666666666666666666666666666666666
6666666666666666666666666666666666666666666
6666666666666666666666666666666666666666666
6666666666666666666666666666666666666666666
6666666666666666666666666666666666666666666
66666669999999999999999999999999999999999
9999999999999999999999999999999999999999
9999999999999999999999999999999999999999
9999999999999999999999999999999999999999
9999999999999999999999999999999999999999
9999999999999999999999999999999999999999
9999999999999999999999999999999999999999
9999999999999999999999999999999999999999
9999999

Do you see how the 6 and 9 resemble the yin-and-yang symbol like two fishes in a pond chasing one another?

9. Surrounded-by-soldiers number

11111111111111111111111111111111111111
11111111221111111111111111111111111111
11111111111111111111111111111111111111
11111111111111111111111111111111111111
11111111111111111111111111111111111111
11111111111111111111111111111111111111
11111111111111111111111111111111111111
11111111111111111111111111111111111111
11111111111111111111111111111111111111
11111111111111111111111111111111111111
11111111111111111111111111111111111111

It's almost 22 is surrounded by soldiers with bayonets!

10. Hidden 'twin snowmen' number

1000000000000000880000000000000000000000000
0880000000000000000000000000088000000000000
0000000000088000000000000000000000000000000
8800000000000000000000000000000000000008800
0000000000000000000000000000000000000000000
0000000000000000000000000000000000000000000
0000000000000000000000000000000000000000000
0000000008800000000000000000000000000000000

Do you see how a pair of snowmen are hidden within the number pattern?

11. Hidden 'jewel' Number

3982347823748234723875924578437583457438574385734857834758347853923493298472389427385748782372783472384887234732847328472843274824728347382473284732847324723847238082374823473284723847238472347324723478273847483247238472834723847823487237482384234283472384823472834292489278124782878538484348348483383878242984983298479287928749492359725727572752757257275727577575723757272387424762673463264286822389299289298339832982374724727472872392837428437234726248738373772387427437233487282828372747733

Imagine a number where the zero only shows up once, say...in a billion...!

12. Sea of Swans

2222222222222222222222222222222222222222222
2222222222222222222222222222222222222222222
2222222222222222222222222222222222222222222
2222222222222222222222222222222222222222222
2222222222222222222222222222222222222222222
2222222222222222222222222222222222222222222
2222222222222222222222222222222222222222222
2222222222222222222222222222222222222222222

When all digits are '2'!

13. Number with 7 threes...

9020394829889234982598923845983984459835789
3498535930945908340985309859083409853908403
9833542095382309752987652398758293752750923
4759023843980475348573485734985734957834952
9035725024033333309348534753459430593404953
0959034875038925028357285739049570287568949
8304759023875690327569347534734798034478983
7659346934867038798373079698390834587349859
8398543095327850750375037550275737532809537
5984375935790795743758345793983754835879348
7537594345730759987983498828372 9

14. Left 'n Right Scrolls

9199999999999999999999999999999999999999
9999999999999999999999999999999999999999
9999999999999999999999999999999999999999
9999999999999999999999999999999999999999
9999999999999999999999999999999999999999
9999999999999999999999999999999999999999
9999999999999999999999999999999999999999

Left Scroll Number

9999999999999999999999999999999999999999
9999999999999999999999999999999999999999
9999999999999999999999999999999999999999
9999999999999999999999999999999999999999
9999999999999999999999999999999999999999
9999999999999999999999999999999999999999
9999999999999999999999999999999999999919

Right Scroll Number

15. Riddle-Me-Zero Number

8723646823746283467823462874289918429342934
3727429372984792843729374294793247932742 3
972942397472394729423794329472398423942390
0008923478324783247827383784738728347237 84
27380089234839223008989283498390000000 00
00000000000000000000000000000000000000 00
00000000007823748324372847823478234783247
28374238473284738247823478247834738000000 0
0873274382472387482748237482347832740000 00
0000089327432847328473284782347328743274 23
8473824738247328428487234320000000898394 83
0000009834928349328493280000000000000000 00

A number riddled with zeros!

16. Lucky or Unlucky Number

7777777777777777777777777777777777777777777
7777777777777777777777777777777777777777777
77777777777777777777777137777777777777777777
7777777777777777777777777777777777777777777
7777777777777777777777777777777777777777777
7777777777777777777777777777777777777777777
7777777777777777777777777777777777777777777
7777777777777777777777777777777777777777777
7777777777777777777777777777777777777777777
7777777777777777777777777777777777777777777
7777777777777777777777777777777777777777777

The number 13 is considered unlucky.
Triskaidekaphobia is the fear of number 13!

17. Repeating Pattern + 345

4444444444444444444444444444444444444444444
444444444444444444444441111111111111111
1111111111111111111111111111111111111111
111111111777777777777777777777772111111
114444499999999999991222222222223333333
333333333355555555550000111111133333333
3333333888777444416666666666611198881 1 1
1111111345

18. 1234567890-recurrent

1234567890

19. Nine-Zero Number

99999999999999999999999999999999999900000
00000000009999999999999999990000000000009
99999999999999999999999999999999999999999
99999990000000000000000000000000000000999
90000000999999999999999999999999999999900
00000000000000000000000000000000000000000
00000000000000000000000000000000000000000
00000000000000000000000000000000000000000
00000000000000000000000000000000000000000
99999999999999990000000000000000000000000
90009999900009000900000009000000900099900

20. Frequency Number

5555555555555555555555555555555555555555
5555555555555555555555555555555555555555
5555555555555555555555555555555555555555
5555555555555555555555555555555555555555
5555555555555555555555555555555555555555
5555555555555555555555555555555555555555
5555555555555555555555555555555555553323
7782383288232382323823555555599999999328
2782894982348972348932498893282332923555555
5555989329832983293292293293555599960000005

Note how the frequency of 5 recedes like the Doppler Effect!

Thank you for your purchase!

I sincerely thank you for joining me so far and hope you took pleasure from browsing this book and managed to expand your imagination! This was meant to be a color palette with numbers to let your mind wander and imagination free without reins! Babies and kids alike can get started with this intro to numbers and mathematics. I am by no means a mathematician and just like creating interesting books. If you liked this purchase, please leave us a review!

www.ingramcontent.com/pod-product-compliance
Lightning Source LLC
Chambersburg PA
CBHW081710220526

45466CB00009B/2941